This Is Chemistry

这就是化学

OXIDATION AND REDUCTION 氧化与还原 7

米莱童书 著 / 绘

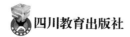

四川教育出版社

推荐序

非常高兴向各位家长和小朋友们推荐《这就是化学》科普丛书。这是一套有趣的化学漫画书，它不同于传统的化学教材，而是用孩子们乐于接受的漫画形式来普及化学知识。这套丛书通过生动的画面、有趣的故事，结合贴近日常生活的场景，深入浅出，寓教于乐，在轻松、愉悦的氛围中传授知识。这不仅能够帮助孩子初步认识化学，还能引导他们关注身边的化学现象，培养对化学的浓厚兴趣。

化学是一个美丽的学科。世界万物都是由化学元素组成的。化学有奇妙的反应，有惊人的力量，它看似平淡无奇，却在能源、材料、医药、信息、环境和生命科学等研究领域发挥着其他学科不可替代的作用。学习化学是一个神奇且充满乐趣的过程：你会发现这个世界每时每刻都在发生奇妙的化学变化，万事万物都离不开化学。世界上的各种变化不是杂乱无章的，而是有其内在的规律，都被各种化学反应式在背后"操控"。学习化学就像是"探案"，有实验室里见证奇迹的过程，也有对实验结果的演算分析。

化学所涉及的知识与我们的日常生活息息相关，化学变化和化学反应在我们的身边随处可见。在这套科普绘本里，作者用新颖的形式带领孩子探究隐藏在身边的"化学世界"：铁钉为什么会生锈？苹果是如何变成苹果醋的？蜡烛燃烧之后变成了什么？为什么洗洁精可以洗净油污？用什么东西可以除去水壶里的水垢？……这些探究真相的过程，可以培养孩子学习化学知识的兴趣，也是提高科学素养的过程。

愿孩子们能从这套书中收获化学知识，更能收获快乐！

中国科学院院士，高分子化学、物理化学专家

目录

螺丝钉的奇妙之旅

这是元素城最大的螺丝钉工厂，今天我们就来参观参观吧！

螺丝钉是我们生活中必不可少的一种零件。常见的螺丝钉是铁和碳的合金。

防锈涂层可以让螺丝钉不容易被氧化。

现在这些螺丝钉就要被送到它们的"工作岗位"上了，让我们看看它们会被送到哪里。

看来这些螺丝钉要成为大桥的一部分了！

在氧气和水同时作用下，金属因被**氧化**而生锈。

我们给金属表面涂上防锈漆**隔绝空气**，金属就不容易生锈了。

水分子

氧气分子

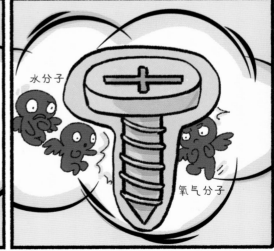

水分子

氧气分子

接下来我们去远处的一座老桥看看，工人们正要对它进行必要的修复和保养。

他们会把生锈的螺丝钉取下来，把新的换上去。

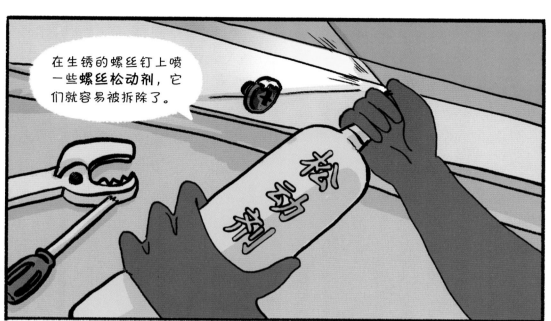

铁锈的由来

铁锈质地疏松，就像海绵一样，很容易吸收水分。如果一块铁的表面已经出现了锈迹，那么铁锈附近的铁会更快被锈蚀。

常见的氧化反应

天然气是我们日常生活中常用的燃料之一，它的主要成分是甲烷。

反应过程中释放的热量可以帮助我们烹制食物。

燃料在**燃烧**时发生的反应是**氧化反应**。

食醋一般是由粮食酿造的，粮食变成食醋的过程，也伴随着**氧化反应**。

酵母菌使粮食中的糖分发酵，生成二氧化碳和酒精。

我们**醋酸菌**是酿醋的关键。

酒精在醋酸菌和氧气的帮助下，转化为醋酸。

生锈的铜狮子

茄子!

常用的除锈方法

除锈机除锈

锈蚀层

金属层

用机械**打磨**金属，去除表面的氧化物，是除锈的一种方法。

我们也可以利用压缩空气，向金属表面喷砂子除锈。

喷砂除锈

砂子

锈蚀层

金属层

打在金属表面的砂子可以除掉锈蚀层。

还可以把酸溶液喷洒到生锈的金属表面除锈。

稀盐酸

酸洗除锈

用稀盐酸浸泡生锈的金属可以除锈。**稀盐酸**能和金属氧化物发生反应，除掉锈蚀。

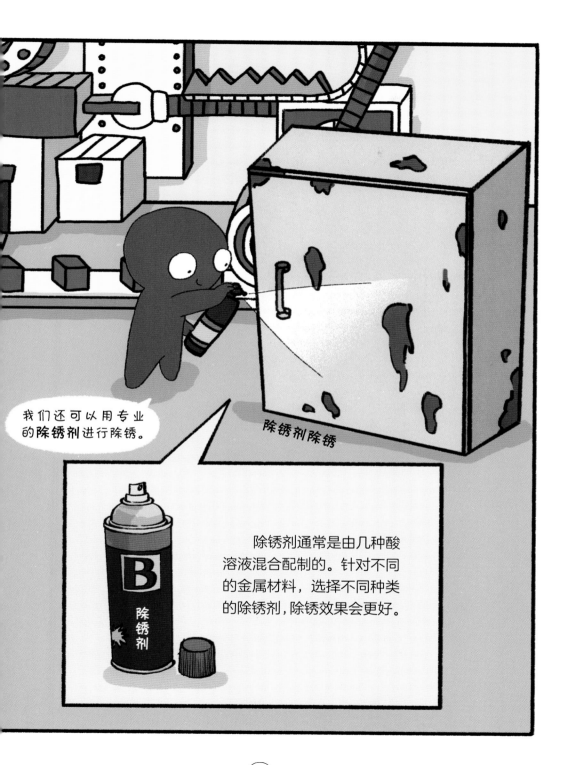

我们还可以用专业的**除锈剂**进行除锈。

除锈剂除锈

除锈剂通常是由几种酸溶液混合配制的。针对不同的金属材料，选择不同种类的除锈剂，除锈效果会更好。

巧用木炭除铜锈

除了前面提到的几种方法，还有其他方法可以去除铜锈。

和木炭一起"蒸桑拿"，也可以让它重新变得闪亮。

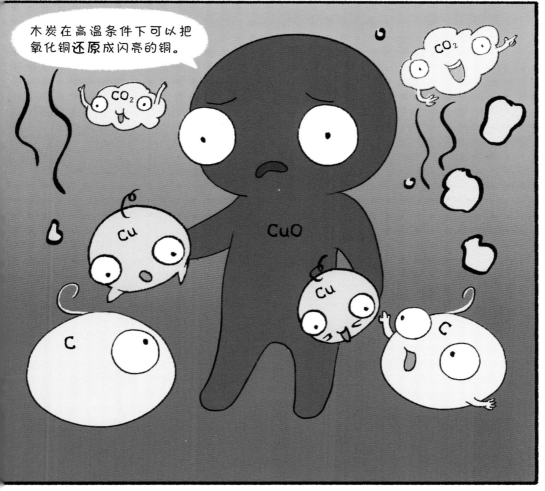

神奇的漂白粉

漂白粉可以把红色的衣服变白。

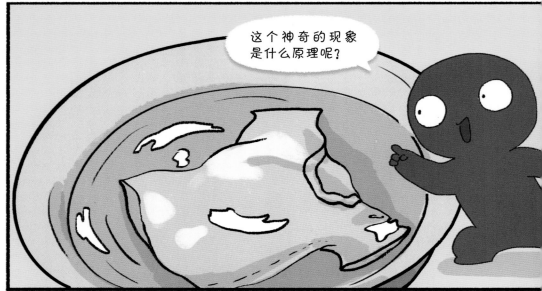

这个神奇的现象是什么原理呢?

漂白粉溶解在水中后，会产生次**氯酸**。次氯酸是一种**强氧化剂**，染料分子被氧化，变成了白色的化合物，漂白就完成了。

总结

几种氧化反应

二氧化碳

甲烷

水

氧气

甲烷燃烧

氧气

醋酸菌

酒精

醋酸

酿醋

铁生锈

铁 Fe + 水 H₂O + 氧气 O₂ → 铁锈

漂白

除锈与防锈

酸溶液除锈

木炭除铜锈（还原反应）

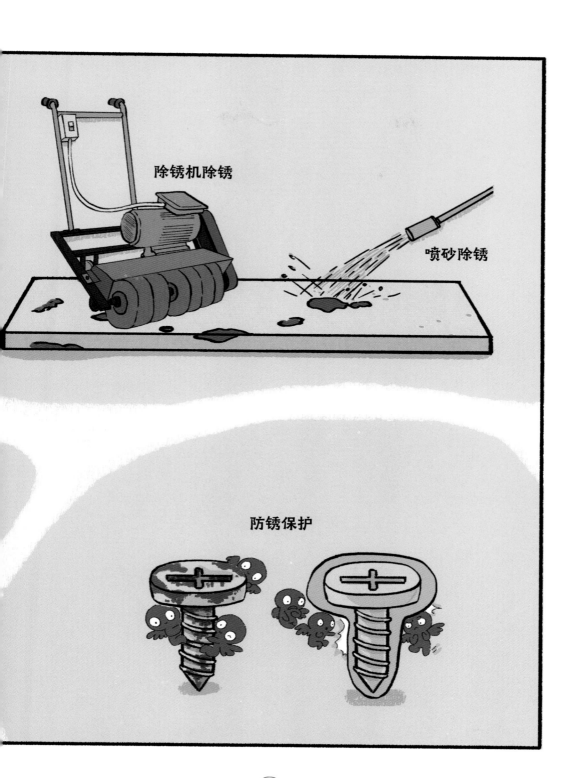

哪些可以用来除锈？

二氧化碳

砂纸

食醋

氧气

问答收纳盒

常见的氧化反应有哪些?　物质与氧气发生的反应属于氧化反应。如甲烷的燃烧，酒精转化为醋酸的反应等。

常见的还原反应有哪些　含氧化合物里的氧被夺去的反应属于还原反应。如木炭与氧化铜在高温条件下的反应等。

什么是生锈?　生锈是指金属的氧化反应。

怎样防止金属生锈?　隔绝空气可以防止金属生锈，常用的方法是给金属涂防锈涂层。保持金属表面洁净干燥也可以防止金属生锈。

什么是除锈?　除锈是指去除金属表面锈蚀的过程。

什么是酸洗?　酸洗是指利用酸溶液去除锈蚀物的方法。

什么是除锈剂?　除锈剂是可以去除金属表面锈蚀的物质。

什么是漂白?　漂白是使有色物质褪色或变白的过程。

思考题答案

36 页　用漂白剂漂白。

37 页　砂纸和食醋。

作者团队

米莱童书

米莱童书是由国内多位资深童书编辑、插画家组成的原创童书研发平台，2019"中国好书"大奖得主、桂冠童书得主、中国出版"原动力"大奖得主。是中国新闻出版业科技与标准重点实验室（跨领域综合方向）授牌中国青少年科普内容研发与推广基地，曾多次获得省部级嘉奖和国家级动漫产品大奖荣誉。团队致力于对传统童书阅读进行内容与形式的升级迭代，开发一流原创童书作品，使其更加适应当代中国家庭的阅读需求与学习需求。

专家团队

李永舫　中国科学院院士，高分子化学、物理化学专家
　　　　作序推荐
张　维　中科院理化技术研究所研究员，抗菌材料检测中
　　　　心主任　审读推荐
亓玉田　北京市化学高级教师、省级优秀教师、北京市青
　　　　少年科技创新学院核心教师　知识脚本创作

创作组成员

特约策划：刘润东
统筹编辑：于雅致　陈一丁
绘画组：辛颖　孙振刚　鲁倩纯　徐烨　杨琪　霍霜霞
美术设计：刘雅宁　董倩倩

图书在版编目（CIP）数据

这就是化学. 7，氧化与还原 / 米莱童书著绘. --
成都：四川教育出版社，2020.9（2021.12重印）
ISBN 978-7-5408-7397-4

Ⅰ. ①这… Ⅱ. ①米… Ⅲ. ①化学—儿童读物 Ⅳ.
① 06-49

中国版本图书馆CIP数据核字(2020)第141708号

这就是化学　氧化与还原
ZHE JIUSHI HUAXUE YANGHUA YU HUANYUAN

米莱童书　著 / 绘

出　品　人　　雷　华
策　划　人　　何　杨
责 任 编 辑　　吴贵启　林蓓蓓
封 面 设 计　　刘　鹏
版 式 设 计　　米莱童书
责 任 校 对　　王　丹
责 任 印 制　　高　怡
出 版 发 行　　四川教育出版社
地　　　址　　四川省成都市黄荆路 13 号
邮 政 编 码　　610225
网　　　址　　www.chuanjiaoshe.com
制　　　作　　易书科技（北京）有限公司
印　　　刷　　河北环京美印刷有限公司
版　　　次　　2020 年 9 月第 1 版
印　　　次　　2021 年 12 月第 11 次印刷
成 品 规 格　　170mm×235mm
印　　　张　　2.5
书　　　号　　ISBN 978-7-5408-7397-4
定　　　价　　200.00 元（全 8 册）

如发现质量问题，请与本社联系。总编室电话：（028）86259381
北京分社营销电话：（010）67692165　北京分社编辑中心电话：（010）67692156